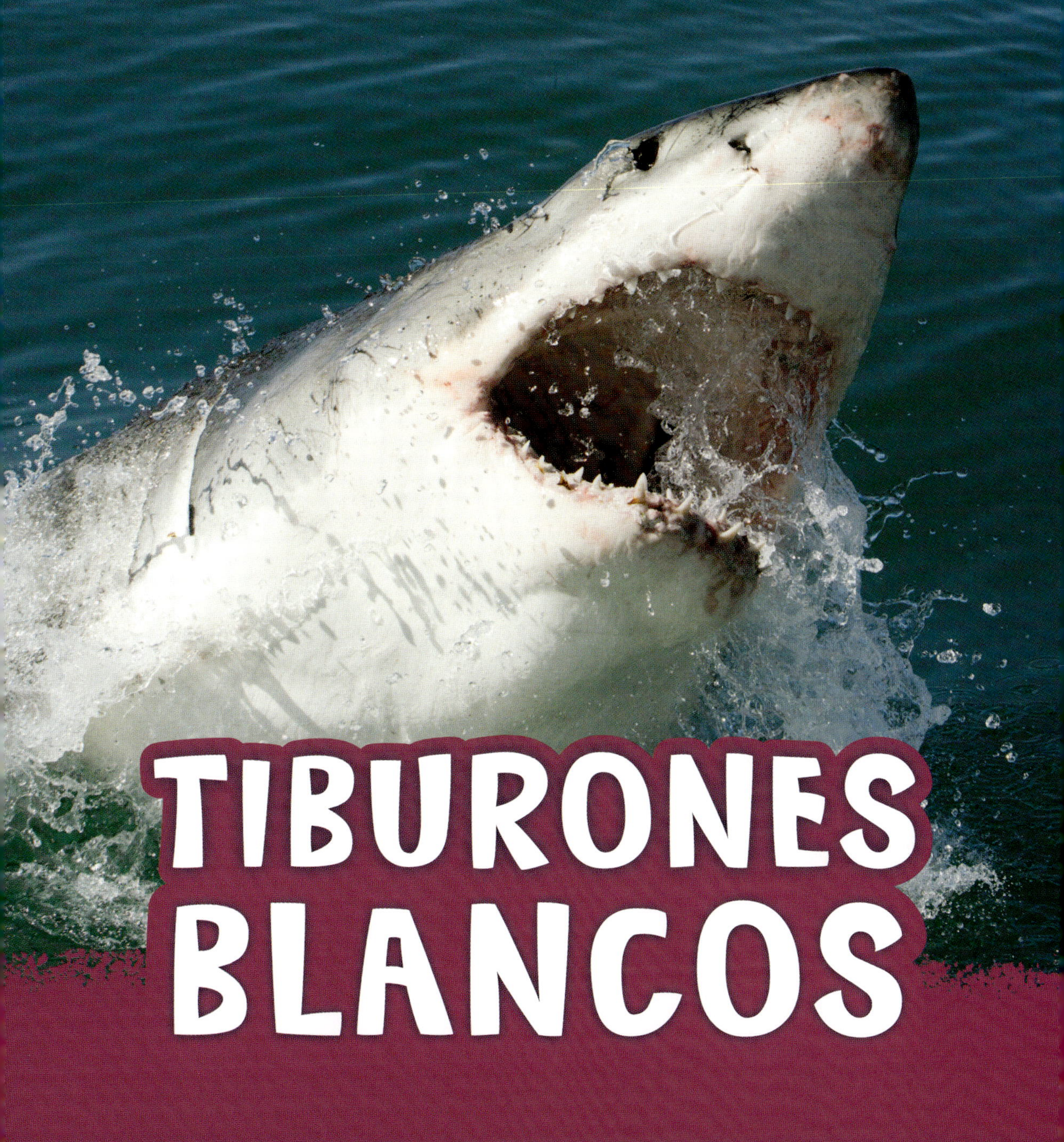

TIBURONES BLANCOS

Escrito por Jaclyn Jaycox

PEBBLE
a capstone imprint

Pebble Explore, publicada por Pebble, una marca de Capstone,
1710 Roe Crest Drive
North Mankato, Minnesota 56003
www.capstonepub.com

Derechos de autor © 2020 por Pebble, una huella de Capstone.
Todos los derechos reservados. Esta publicación no puede reproducirse en su totalidad ni en parte, ni almacenarse en un sistema de recuperación, ni transmitirse en ninguna forma ni por ningún medio, ya sea electrónico, mecánico, de fotocopiado, grabación u otro, sin permiso escrito del editor.

Los datos de CIP (Catalogación previa a la publicación, CIP) de la Biblioteca del Congreso se encuentran disponibles en el sitio web de la Biblioteca.
ISBN: 978-1-9771-2550-7 (library binding)
ISBN: 978-1-9771-2558-3 (eBook PDF)

Resumen: El texto sencillo y las fotografías presentan a los tiburones blancos, las partes de su cuerpo y su comportamiento.

Créditos de las fotografías
Alamy: Todd Winner, 23; iStockphoto: Pieter De Pauw, 17; Shutterstock: Alessandro De Maddalena, 5, Alexyz3d, 14, Andrea Izzotti, 15, Dominique de La Croix, 7, John Carnemolla, 26, Marc Henauer, 24, Marko Ri, 18, Martin Prochazkacz, 11, Mogens Trolle, 1, 28, Phonix_a Pk.sarote, 27, Ramon Carretero, 25, saulty72, 12, Sergey Uryadnikov, 19, wildestanimal, spread 8-9, 10, Willyam Bradberry, Cover, 20, 21

Créditos editoriales
Mandy Robbins, editora; Dina Her, diseñadora; Morgan Walters, investigadora en medios; Tori Abraham, especialista en producción

Printed and bound in China. 5241

Tabla de contenidos

Las palabras en **negrita** están en el glosario.

Tiburones blancos asombrosos

Un tiburón blanco está nadando. Olfatea. Detecta una deliciosa comida. Los tiburones blancos pueden oler la sangre a 3 millas (5 kilómetros) de distancia. Esa es una de las razones por las que estos tiburones son asombrosos.

Los tiburones blancos son un tipo de pez. Hay más de 450 tipos de tiburones. Los tiburones blancos son los tiburones cazadores más grandes del océano. Estos tiburones comen otros animales del océano.

En qué lugar del mundo

Los tiburones blancos viven en los océanos. Se encuentran cerca de Sudáfrica, Australia, Nueva Zelanda y Estados Unidos. También viven en el norte del océano Atlántico y en el océano Pacífico.

Algunos tiburones blancos se quedan cerca de la tierra. Nadan cerca de la **costa** durante todo el año. Otros van a aguas más profundas en invierno. Lo hacen para mantener el calor corporal.

El cuerpo del tiburón blanco

El tiburón blanco se llama así por su vientre blanco. La parte superior de su cuerpo es de color gris. Tiene los ojos azules. Sus ojos parecen negros en el agua.

Los tiburones blancos son grandes. Llegan a medir 20 pies (6 metros) de largo. Pueden pesar hasta 5000 libras (2270 kilógramos). ¡Lo que pesa un auto!

Los tiburones blancos tienen 300 dientes afilados, de forma triangular. Están dispuestos en filas. Los dientes afilados los ayudan a comer. Pueden morder la piel y los huesos de un animal.

Los tiburones blancos no tienen huesos. El armazón de su cuerpo está hecho de **cartílago**. Esto hace que sean más livianos. Así pueden nadar más rápido.

aleta dorsal
branquias
aleta pectoral

Los tiburones blancos tienen el cuerpo alargado. Tienen la nariz puntiaguda. La forma de su cuerpo los ayuda a nadar con rapidez. ¡Fuush! Los tiburones blancos pueden nadar a 35 millas (56 km) por hora.

Los tiburones blancos usan las aletas para moverse en el agua. Tienen una aleta dorsal en la espalda. Tienen dos aletas pectorales que los ayudan a moverse y a girar. Y una cola fuerte que los empuja hacia delante.

Estos tiburones también tienen **branquias**. Las usan para respirar.

En el menú

Un tiburón blanco ve algo. ¡Es una foca! La foca está en la superficie del agua. El tiburón nada rápido hacia ella. Salta por fuera del agua. Vuelve a sumergirse en el océano. Tiene a la foca en la boca. ¡El tiburón atrapó su comida!

Los leones marinos son presas de los tiburones blancos.

Los tiburones blancos cazan en solitario. Los animales que se comen se llaman **presas**. Comen leones marinos, focas y delfines. También comen ballenas. Los tiburones blancos cazan en todo el océano.

A los animales les resulta difícil ver a un tiburón blanco. Desde abajo, su vientre blanco se confunde con la luz del sol.

Los tiburones blancos muerden a su presa. Esperan a que se muera antes de comerla.

Los tiburones no mastican la comida. Despedazan a su presa con sus dientes afilados. Se tragan los pedazos enteros.

Los tiburones comen mucho de una vez. A veces les resulta difícil encontrar peces. Pueden pasar un mes sin comer.

Los tiburones blancos son grandes cazadores. Su sentido del olfato los ayuda a encontrar alimentos. Pueden ver bien en la oscuridad. Ven 10 veces mejor que los humanos.

Los tiburones blancos pueden sentir a su presa. Sienten en qué lugar está en el agua. La presa puede intentar esconderse. Pero el tiburón blanco la encontrará.

El cuerpo de los tiburones blancos es más cálido que el agua que los rodea. Casi todos los peces son **de sangre fría**. Pero los tiburones blancos pueden subir la **temperatura** de su sangre. Pueden vivir en lugares que son demasiado fríos para otros tiburones.

La vida de un tiburón blanco

Los tiburones blancos viven en solitario. Solo se juntan para **aparearse**. Las hembras suelen tener hasta 10 crías de una vez. Las crías al nacer miden unos 5 pies (1.5 m) de largo. Pesan unas 77 libras (35 kg).

Las madres de los tiburones blancos no cuidan a sus crías. Las crías se alejan nadando en cuanto nacen.

Las crías nacen con todos los dientes. Pueden cazar solas. Comen peces y **mantarrayas**. Las crías deben protegerse de los **depredadores** más grandes, como las orcas.

A medida que crecen, van perdiendo enemigos. Muy pocos animales comen tiburones blancos adultos. Los tiburones blancos pueden llegar a vivir 70 años.

Peligros de los tiburones blancos

Las personas son la mayor amenaza de los tiburones. Los tiburones pueden quedar atrapados en las redes de pesca. Cazar tiburones es ilegal. Pero algunas personas lo hacen. Usan las aletas para hacer sopa.

Las redes mantienen a los tiburones alejados de las playas.

El petróleo y los plásticos ensucian el agua del océano. Esto puede enfermar a los tiburones. También puede matar o lastimar a los animales que ellos comen. Y así los tiburones se quedan sin suficiente comida.

El número de tiburones blancos está disminuyendo. Pero hay personas que intentan ayudarlos. Hay grupos que liberan a los tiburones atrapados en las redes. Y limpian el petróleo y el plástico que hay en el océano. Quieren que el océano sea un lugar más seguro para los tiburones y otros animales.

Datos rápidos

Nombre: tiburón blanco

Hábitat: océanos

En qué lugar del mundo:
Norte del océano Atlántico, océano Pacífico, aguas costeras cerca de Sudáfrica, Australia, Nueva Zelanda y oeste de Estados Unidos

Alimentos: leones marinos, focas, delfines, ballenas y otros tiburones

Depredadores: orcas, humanos

Esperanza de vida: 70 años

Glosario

aparearse—juntarse con otro para producir crías

branquias—parte del cuerpo al costado de un pez; los peces usan las branquias para respirar

cartílago—tejido fuerte y elástico que conecta los huesos, en personas y animales

costa—tierra que está cerca de un océano o mar

depredador—animal que caza y come otros animales

de sangre fría—criaturas cuya temperatura corporal cambia de acuerdo con la temperatura externa

mantarraya—tipo de pez con el cuerpo plano, las aletas con forma de ala y la cola fina

presa—animal que cazan y se comen otros animales

temperatura—medida que indica qué tan caliente o frío está algo

Índice